上海自然博物馆
Shanghai Natural History Museum
上海科技馆分馆
Branch of Shanghai Science and Technology Museum

鹦鹉螺探索笔记

上海自然博物馆出品

顾洁燕　刘楠／主编

朱莹／著

寻龙记

Tracking Dinosaurs

上海科技教育出版社

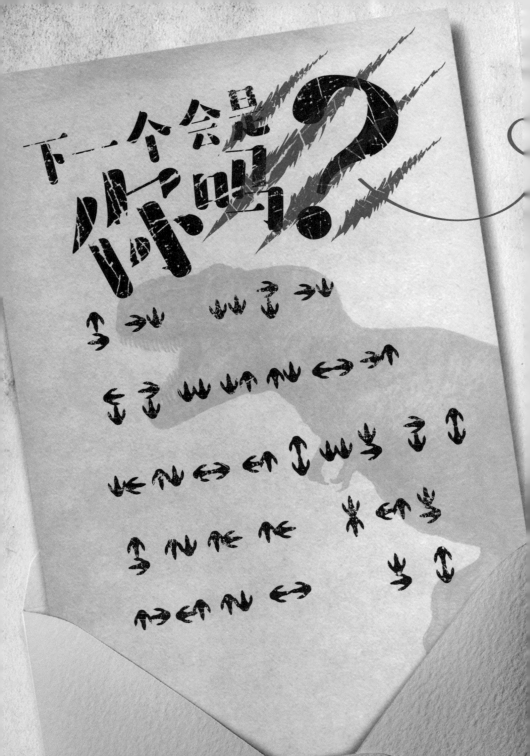

咦？

一串奇怪的符号？！

看起来像鸟脚印，却又似乎遵循着一定规律……

难道……是某种密码？

究竟想要传递什么神秘信息？

等你来破解！

找到了！

快对照下方密码表
破译左侧信件的内容吧！

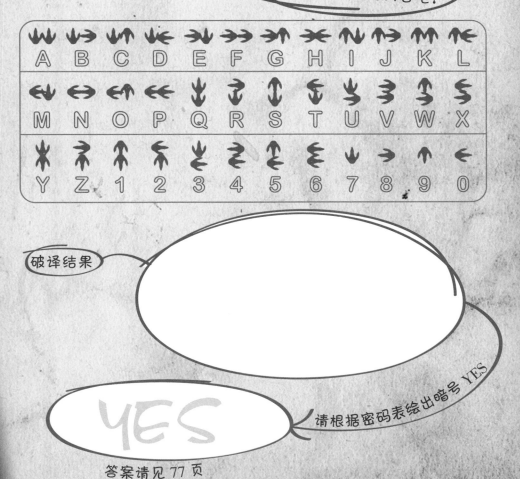

破译结果

请根据密码表绘出暗号 YES

YES

答案请见 77 页

这是谁的笔记?

首先恭喜你通过考验,正式成为这本笔记的新一任主人。
这是一本漂流笔记,
此前已几经辗转,
路过不同的城市,
到达不同人手中……

它的主人们无一例外,
都有着共同的爱好:恐龙,
有着相似的特质:好奇、探索……
相信你也是这样。

接下来,请你像前人一样,用自己的智慧续写这本笔记。
你可以:
- 🦕 完成观察笔记,
- 🦕 思考遗留问题,
- 🦕 提出全新猜想,
- 🦕 复原恐龙形象,
- 🦕 记录研究进展,
……
总之一切能帮助后人更深入了解恐龙的信息,
都可以加进这本漂流笔记里。
好了,翻到任何一页,开启你的新旅程吧!

目 录

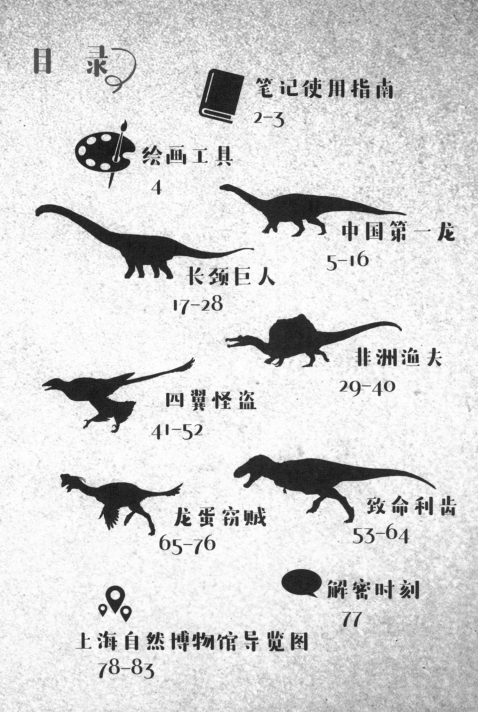

笔记使用指南

雁过留痕

这本笔记的
新主人：

完成笔记的
时间：

完成笔记时
的心情：

（不少于 3 个词语）

拿到这本
笔记的时间:

拿到笔记时的心情:

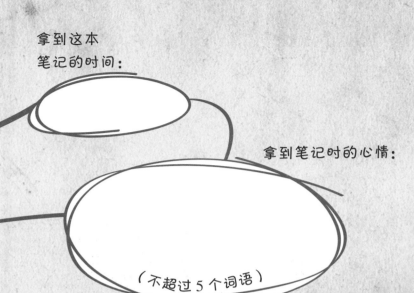

（不超过 5 个词语）

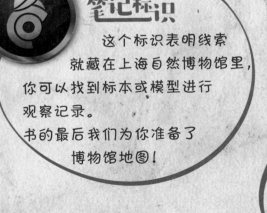

笔记标识

这个标识表明线索
就藏在上海自然博物馆里，
你可以找到标本或模型进行
观察记录。
书的最后我们为你准备了
博物馆地图！

扫描二维码
开启寻觅恐龙
的新征程

3

绘画工具

盛水容器
（建议循环利用废弃饮料瓶）

画笔
（最好一粗一细）

水彩颜料
（也可以用彩铅代替哦）

橡皮
（草稿好搭档）

纸巾
（用于吸水）

水彩纸
（铅画纸或任何其他的纸）

调色板

铅笔

手机
（探索恐龙的新方式）

最重要的
擦亮你的眼睛

中国第一龙

1941 年

1938 年，杨钟健先生南下到昆明，在艰苦的环境中继续开展地质和古生物的考察工作。当年秋季，卞美年先生在禄丰县城以北发现了古脊椎动物化石，随即便组织正式的挖掘。当年 11 月，化石发掘完毕，其中一具较为完整的中型蜥龙类骨架引起了大家的注意。经研究，杨教授将其命名为"许氏禄丰龙"，以此纪念他的德国导师许耐（Friedrich von Huene）。

1940 年 10 月，这具化石随杨教授一起抵达重庆。1941 年 6 月，许氏禄丰龙终于装陈完毕并在北培正式亮相。这是中国第一具装架展示的恐龙骨架，是当之无愧的"中国第一龙"。

摘自杨钟健先生 1940 年 5 月 30 日发表于《地质评论》的《许氏禄丰龙之再造》一文。

6

双嵴龙

2014 年

这次我们在禄丰县有了新发现：在挖掘到许氏禄丰龙骨架的遗址的东北方向约一米处的红层（一种泥质砂岩）里，还保存了另一种恐龙的耻骨、胫骨、肱骨、椎体、胸骨和牙齿化石。

经鉴定，这些零散的化石属于中国双嵴龙。根据对双嵴龙头骨和牙齿化石的研究，古生物学家推测它和高山兀鹫的觅食方式相似：专吃动物死尸。

此次在禄丰龙周围发现双嵴龙，很可能是双嵴龙进食了许氏禄丰龙的尸体，之后又在同一地点死亡……

中文名：禄丰龙

拉丁名：*Lufengosaurus*

分类：蜥臀目基干蜥脚型类（原蜥脚类）

分布区域：中国

生存时代：早侏罗纪

食性：植食性

天敌：中国龙

微信扫一扫
了解更多

牙齿微微扁平
前后缘有小锯齿
适合撕裂植物

（牙齿化石并不多见，
可能较脆弱，不易保存）

9

许氏禄丰龙也 惯用"右手"吗？

右手比较强？

　　杨钟健先生在研究许氏禄丰龙时发现了一个有趣的现象：

　　它的前肢左右不对称，右侧的肩胛骨、肱骨、桡骨、尺骨等都比左侧更发达。2014年发现的许氏禄丰龙化石虽然缺少前肢，但较为完整的后肢也表现出右侧胫骨、腓骨、趾骨比左侧更长更粗壮的情况。

　　这或许是个体差异造成的，但也不妨大胆猜测：许氏禄丰龙可能惯用"右手"，它们在生活中主要使用右侧肢体爬行和抓紧树干等，最终造成右侧肢体发育更强壮。不过，因为缺少足够的化石证据，目前还无法得出确切结论哦！

1. 仔细观察"演化之道"展区里陈列的禄丰龙化石，把结果记录下来；

2. 去其他博物馆寻找更多禄丰龙化石，为支持或推翻这种猜测搜集证据！

奇思妙想

尝试复原恐龙形象，
记录更多与它有关的信息！

恐龙复原指南

① 绘制草图。

找出骨骼上的几个关键节点，
观察比例关系，在草图上定位。
用一根长线画出脊柱，连接各点，
画出大致轮廓。

② 画线稿，添加细节。

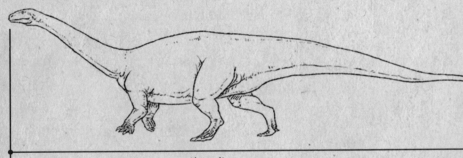

约4米

⑤ 用清水打湿画面再用褐色画出斑纹，
用干净画笔吸干亮部的水分。再用紫色
画出暗部，青色提高亮部的轮廓。

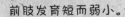

前肢发育短而弱小。

14

③ 用赭石上底色，留出一些亮部，体现立体感。

④ 用褐色加深背部和脚，适当加深暗部。

尾椎较长，约为整个身长的三分之一，主要是用于站立时进行支撑，保证整个身体的平衡，也有利于啃食较高处的植物。

后肢发育长而粗壮，可以用后足站立和行走。

1958 年中国国家邮政局发行了
世界上第一套含恐龙图像的邮票,
其中一枚就是禄丰龙的骨架复原图哦!

《中国古生物》邮票

长颈巨人

9

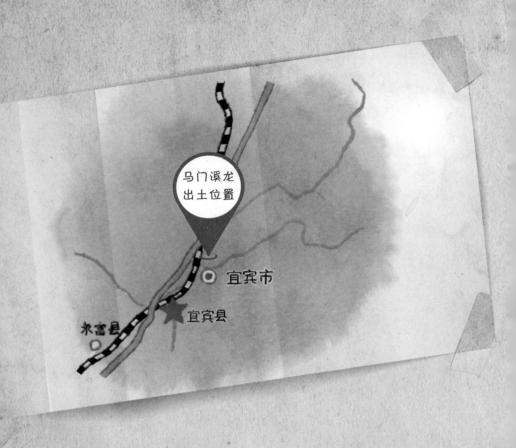

马门溪龙
出土位置

◎ 宜宾市

★ 宜宾县

永富县 ○

1952 年

　　几经辗转终于来到四川省宜宾市，累得我身体都快散架了！听说在马鸣溪渡口附近筑路的工人们开凿岩石时发现了许多类似骨头的石头，杨教授便带领科考队马不停蹄地赶到现场，没想到这些石头真是恐龙化石！

　　教授仔细研究后断定，这是一种尚未发现过的新物种，结合发现地地名，教授命名它为"马门溪龙"。"马门溪"？后来我才反应过来，原来教授说的是马鸣溪龙。教授的陕西口音太重啦！

Largest Daily
Circulation
125,789 WEEKDAYS
APC Publisher's Disclaimer
May 21, 1984

Dinosaur Daily

Lorem Ipsum
Life History,
Pages 13 and 14
Only There

"张冠李戴"的头骨

如果你在博物馆见到马门溪龙的化石或模型，不妨短暂停留，仔细观察一下它的头骨，尤其是牙齿。如果你看到了棒状牙齿，那么恭喜你，你又发现了一宗"张冠李戴"案，因为这很可能是梁龙的头骨。不过，千万别归咎为博物馆不负责任，而是因为最初发现的建设马门溪龙（模式种）、合川马门溪龙都没有保留完整的头骨。研究者对有限的化石证据进行分析后，发现马门溪龙的头后骨骼与梁龙十分相似，因此才在复原马

门溪龙时暂且配上了一个类似梁龙的头骨。直到1987年后，陆续发现了中加马门溪龙、杨氏马门溪龙、巨型合川马门溪龙的头骨、牙齿化石，马门溪龙的庐山真面目才逐渐浮出水面：

原来它长有勺状牙齿、头骨窄而高、结构轻巧。此后，各博物馆里的马门溪龙骨架也逐渐被"改头换面"。

19

勺状牙齿

（牙齿总数超过90颗，
还会换牙哦！）

微信扫一扫
了解更多

中文名：马门溪龙

拉丁名：*Mamenchisaurus*

分类：蜥臀目蜥脚亚目

分布区域：中国、蒙古

生存时代：晚侏罗纪

食性：植食性

天敌：永川龙

防御：巨型身躯、集群生活、可能有尾锤

马门溪龙有什么"特长"？

如果要说马门溪龙有什么特长，那一定是脖子特长！

它们的脖子长度甚至可以超过体长的一半，就连世界上现存脖子最长的陆生动物——长颈鹿，也不敢在马门溪龙面前班门弄斧。

那么，马门溪龙的脖子为什么这么长呢？首先，马门溪龙的颈椎数量多达18—19节，要知道长颈鹿也只有7节颈椎而已；其次，马门溪龙的每一节颈椎长度都极长，最长的甚至可达背椎平均长度的3.5倍以上，难怪它们可以一举摘下"长颈巨人"的桂冠！为了提高长颈的强度，马门溪龙的颈部还生有颈肋，从而将相邻的几节颈椎牢牢连接在一起，不过这样的话脖子的灵活性就大打折扣了。

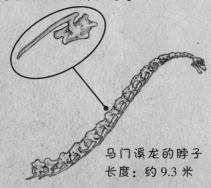

马门溪龙的脖子
长度：约9.3米

长颈鹿的脖子
长度：约2米

1. 据说绝大多数哺乳动物都遵循着7节颈椎的规范，就连长颈鹿也不例外。这是真的吗？去"缤纷生命"展区验证一下长颈鹿、猎豹等各种哺乳动物的颈椎数量吧！

2. "演化之道"展区有块马门溪龙腿骨化石，请将它和你的身高比一比。

奇思妙想

尝试复原恐龙形象，记录更多与它有关的信息！

恐龙复原指南

① 绘制草图。
  找出骨骼上的几个关键节点，
  观察比例关系，在草图上定位。
  用一根长线
  画出脊柱，
  连接各点，画出大致轮廓。

② 画线稿，添加细节。

眼眶较大，还拥有完备的巩膜环
结构，看来视力不错呢！

考虑到颈肋和血压，脖子以约45°
的角度斜伸出去可能是最佳姿态。

③ 用灰绿色上色，腹部注意留白，留白过渡自然一些。注意立体感，腹部上色重一些。

④ 用橙色加少量褐色画腹部。

⑤ 用紫色加少量墨色调色，用来刻画细节，加强立体感。

印痕化石显示，马门溪龙的皮肤表面有粗糙的鳞片结构，可能具备防止体内水分蒸发和保护自身等功能。

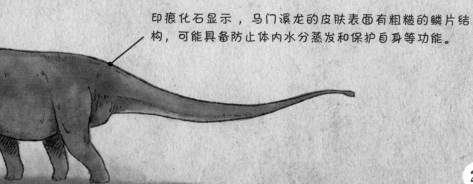

给马门溪龙拍张全身照
可真是个技术活儿!

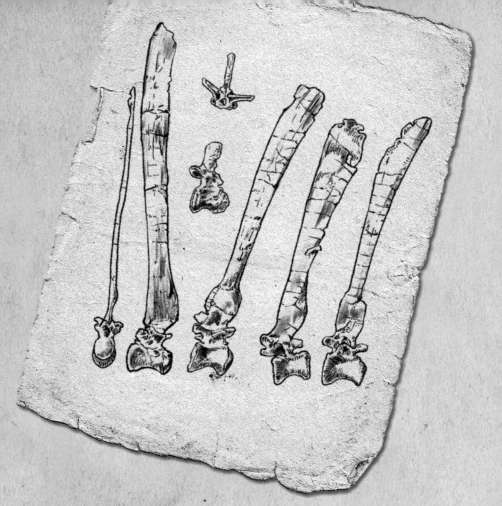

1911 年 1 月 16 日

几个月的辛苦付出终于得到了回报，探险队在德国古生物学家斯特莫（Ernst Stromer）先生的率领下，在拜哈里耶绿洲找到数十种恐龙、鳄类、鱼类的化石。其中，最具神秘色彩的是一组恐龙背椎化石，其神经棘的长度为世所罕见。我不禁在脑海中想象它的样貌———一只长棘的大蜥蜴？

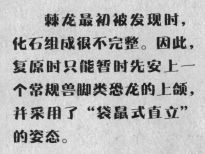

棘龙最初被发现时，化石组成很不完整。因此，复原时只能暂时先安上一个常规兽脚类恐龙的上颌，并采用了"袋鼠式直立"的姿态。

随着更多棘龙头部化石及其近亲被发现，科学家推测棘龙可能长着狭长的吻部。2005年，科考人员找到了埃及棘龙的上颚，最终确定棘龙的头部又细又长，背帆的形状也有所调整。

2014年，一项科研成果声称摩洛哥出土了迄今最完整的棘龙化石，人们这才发现原来棘龙的后肢非常短小。比起两足站立，棘龙似乎更可能采用四足行走的姿态？

究竟是两足站立还是四足行走？背帆的作用又是什么？棘龙身上仍存在诸多谜团，等待更多探索和发现。

中文名：棘龙

拉丁名：*Spinosaurus*

分类：蜥臀目兽脚亚目

分布区域：埃及、摩洛哥、阿尔及利亚

生存时代：白垩纪中晚期

食性：肉食性（肺鱼、锯鳐等）

竞争对手：巨鳄

捕食技能：圆锥形牙齿、弯曲而锋利的爪

165 厘米

牙齿长度多半超过 10 厘米，最长可达 22 厘米；适合穿刺、咬住滑溜溜的鱼。

扬"帆"为哪般？

棘龙最引人注目的当数其背部粗大的神经棘，正模中最大的一根甚至高达1.65米，从而支撑起巨大的背帆。

关于背帆的作用，学界一直充满争议。有些科学家推测它可能是用来调节体温的；也有人提出质疑，认为覆盖神经棘的可能不是一层薄薄的皮膜，而是肌肉。如果是这样，那么背帆就无法调节体温。还有一些科学家认为背帆可能拥有鲜艳的颜色，这样便能在求偶季充当"征婚广告牌"的角色，向异性发送爱的信号，同时恫吓其他竞争者。

另一种猜想是背帆能在捕猎过程中发挥重要作用——形成阴影继而吸引鱼类靠近，这样棘龙便能发动奇袭，饱餐一顿。

这种捕食策略也被现生动物所运用，比如黑鹭。

快去"生存智慧"展区了解一下黑鹭的捕鱼绝技吧！

奇思妙想

尝试复原恐龙形象，记录更多与它有关的信息！

恐龙复原指南

① 绘制草图。

找出骨骼上的几个关键节点，观察比例关系，在草图上
定位。用一根长线画出脊柱，连接各点，画出大致轮廓。

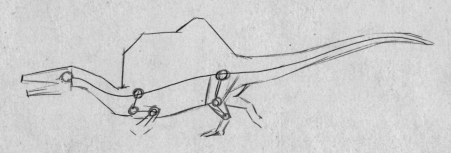

② 画线稿，添加细节。

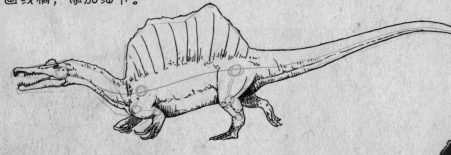

鼻子长在头部靠近中间的上侧，适于浮
出水面呼吸；前部和两侧还有许多小洞，
可能是用于探测水中的波动。

③ 用棕褐色画身体朝上部分，灰绿色画腹部，
橙黄色画出斑纹。

④ 用深褐色加深皮肤细节，朱红色加深斑纹。

⑤ 用黑色加紫色调色，继续加深画出皮肤上的斑点。
用不透明的水粉（橙黄）提亮部分斑纹。

对棘龙化石和同一地层中的其他陆生
动物、半水生动物化石进行氧同位素
分析，发现棘龙化石中氧同位素的含
量与鳄鱼、乌龟的更接近。

暴龙和棘龙到底谁更厉害呢？
它们可没办法较量一番，
谁让它们一个生活在北美洲，
一个生活在非洲呢！

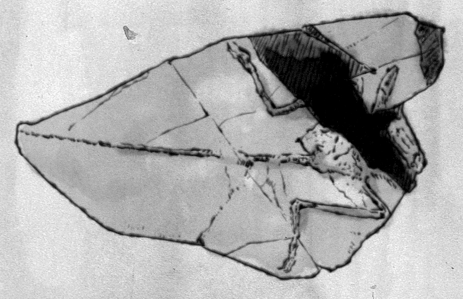

Xu Xing, Zhou Zhonghe, Wang XiaoLin, et al.
The smallest known non-avian theropod dinosaur[J].
Nature, 2000, 408(6813): 705.

2000 年夏

　　这次辽西考察我们又有了激动人心的新发现！从朝阳县的九佛堂组火山凝灰质湖相沉积岩中，发掘出了迄今最小的成年恐龙，甚至比始祖鸟还要小。这个身长不足 40 厘米的小家伙长着尖尖的喙，口中还紧密排列着细小的刀状牙齿。为了向中国恐龙研究的老前辈赵喜进教授致敬，徐星、周忠和和汪筱林等研究者决定将其命名为"赵氏小盗龙"，驰龙家族至此又新添一员。

2019 年 7 月 12 日　星期五

　　此前，古生物学家们已经在小盗龙化石的胃部发现过未消化完的古哺乳类、古鸟类和硬骨鱼类残骸，昨天中国科学院古脊椎动物与古人类研究所又发布了最新研究成果：在一件赵氏小盗龙标本的胃中保存着一条近乎完整的蜥蜴。可以想象，生活在 1.3 亿年前的一只小盗龙将一条王氏因陀罗蜥整条吞下，这与现生食肉鸟类捕食蜥蜴时如出一辙。从它丰富的食谱来看，小盗龙很可能在当时是捕猎多面手、机会主义者。

Dinosaur Daily

☀ BIG NEWS! ☀
小盗龙食性研究取得新进展

http://nao.snhm.org.cn/mooc/web/lessons/1

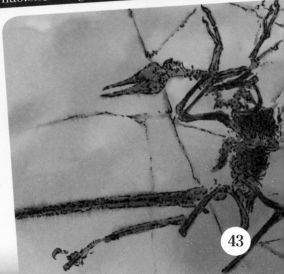

　　7月11日，《当代生物学》（*Current Biology*）在线发表了中国科学院古脊椎动物与古人类研究所邹晶梅、董丽萍、周忠和及天宇博物馆郑晓廷等人的最新研究成果：在赵氏小盗龙（STM5-32）标本的胃部……

中文名：小盗龙

拉丁名：*Microraptor*

分类：蜥臀目兽脚亚目

分布区域：中国

生存时代：白垩纪早期

食性：肉食性

特别说明：最早出现彩虹色光泽的恐龙！

微信扫一扫
了解更多

恐龙长羽毛?!

1 2 3 4 5 6 7 8

● 鹦鹉嘴龙 1   ● 小盗龙 2、3、4、7、8   ● 耀龙 5、6

尽管大多数恐龙都像蜥蜴、鳄鱼那样浑身布满鳞甲,但也有一些身上长羽毛。羽毛的起源甚至可以追溯到侏罗纪中期。在漫长的演化过程中,羽毛的结构和功能越来越多样化,既有用于保暖的绒羽,又有用于飞行的飞羽,还有用于炫耀的华丽尾羽。

飞行起源

飞行起源奔跑说和树栖说

关于飞行起源,科学家们一直存在两种不同观点,一种是"奔跑起源说",一种是"树栖起源说",你更支持哪一种?为什么?

1. "演化之道"展区里隐藏着5种神秘生物,它们身上都长有羽毛,请根据线索找到它们并记录下来(记录要点:体形大小、羽毛形态、有无牙齿等外观特征)。

2. 你能区分这5种神秘生物中,哪些是恐龙,哪些是鸟类吗?

3. 查找资料,补充记录它们的生活习性。

奇思妙想

尝试复原恐龙形象，记录更多与它有关的信息！

恐龙复原指南

① 绘制草图。

找出骨骼上的几个关键节点，观察比例关系，在草图上定位。用一根长线画出脊柱，连接各点，画出大致轮廓。

要点：小盗龙有羽毛，画轮廓时不要紧贴骨骼，请参考鸟的轮廓。

② 画线稿，添加细节。

要点：参考鸟类羽毛分布。

有些标本显示小盗龙的头部有冠羽。

羽毛在阳光的照射下会发出蓝色和黑色的光芒，可能是目前已知最早的带彩虹色光泽的恐龙。

③ 用紫色和青绿色染出底色，紫色加一点黑色降低饱和度，青色上在亮部，赭石加黄色画出暖部和爪。

④ 用黑色画出细节和暗部。

⑤ 用不透明的青绿色和紫色画出反光，用白色提亮眼部。

僵直的尾巴是驰龙类的标志性特征，尾端是两根长长的翎羽。

古生物学家凯森（Perter Kaisen）正在挖掘雷克斯暴龙的头骨。

蒙大拿州地狱溪地层，布朗（Barnum Brown）

1902 年

　　两年前我在怀俄明州东部第一次发现这种动物骨架，设想到这次在蒙大拿州地狱溪地层能再次遇到它，还找到了近 34 块骨骼化石！我们在 1 号采石场找到了股骨、肱骨、耻骨、3 节椎骨和两块不确定的骨骼化石，它们应该属于一种尚未被记录的大型食肉恐龙……

有趣的是，目前超过一半的暴龙标本都在达到性成熟的 6 年内死亡，推测部分原因是生殖压力。似乎呈现出这样的规律：暴龙婴儿阶段死亡率高，青年阶段死亡率相对较低，性成熟后死亡率再次上升。这究竟是客观规律，还是因为化石证据缺失？

目前只有一具暴龙标本被确认为雌性，因为它的部分骨骼中保存了软组织，某些组织被鉴定为髓质组织——一种仅在鸟类中存在的特化组织，主要功能是在产卵期为形成蛋壳提供钙质。由于只有在雌性鸟类身上有髓质组织，所以可推断，这具标本属于一只在排卵期死亡的雌性暴龙。

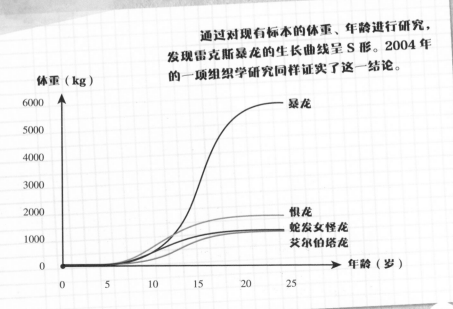

通过对现有标本的体重、年龄进行研究，发现雷克斯暴龙的生长曲线呈 S 形。2004 年的一项组织学研究同样证实了这一结论。

双眼视觉

中文名：雷克斯暴龙（霸王龙）

拉丁名：*Tyrannosaurus rex*

分类：蜥臀目兽脚亚目

分布区域：美国、加拿大

生存时代：白垩纪末期

食性：肉食性（角龙、鸭嘴龙等）

捕食技能：双眼视觉、嗅觉灵敏、牙齿锋利、
颌部和颈部肌肉强而有力

微信扫一扫
了解更多

中生代生存指南！

假如回到中生代，能快速鉴别恐龙爱吃什么可太重要了！

如果遇到长着匕首状牙齿，牙齿边缘甚至有锯齿的恐龙，那么你最好立刻脚底抹油溜之大吉，因为这可是肉食性恐龙的标志！

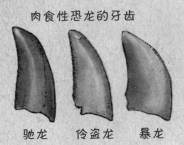

肉食性恐龙的牙齿

驰龙　　伶盗龙　　暴龙

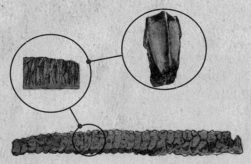

鸭嘴龙

如果遇到个家伙长着上千枚牙齿，那么倒是可以舒一口气，因为摘得"牙齿最多恐龙"桂冠的正是鸭嘴龙。

如果遇到的恐龙长着勺状、笔状或是锉刀状牙齿，那么可以不用担心，因为它们分别是马门溪龙、梁龙和禽龙。

肉食性恐龙的牙齿

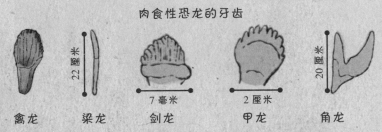

禽龙　　梁龙　　剑龙　　甲龙　　角龙

22厘米　　7毫米　　2厘米　　20厘米

瞧，肉食性恐龙的牙齿大多千篇一律，而植食性恐龙的牙齿倒是千奇百怪呢！

仔细观察"演化之道"展区的暴龙模型，想一想，它短小的前肢会有什么功能呢？

奇思妙想

尝试复原恐龙形象，记录更多与它有关的信息！

恐龙复原指南

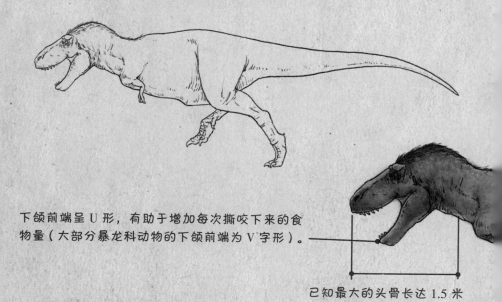

① 绘制草图。

找出骨骼上的几个关键节点，
观察比例关系，在草图上定位。
用一根长线画出脊柱，
连接各点，画出大致轮廓。
要点：注意整体的重心平衡。

② 画线稿，添加细节。

下颌前端呈 U 形，有助于增加每次撕咬下来的食
物量（大部分暴龙科动物的下颌前端为 V 字形）。

已知最大的头骨长达 1.5 米

③ 用洋红加褐色调出体表基础色，利用水分多少来表现体积感。趁水分未干，用棕黄色染出身体上部的颜色变化。

④ 用紫色加黑色画出暗部，在身体上点出斑纹，注意亮部的点要浅一些。

⑤ 用不透明的白色在局部提下高光。

1923 年 4 月 17 日

到达营地的第二天，奥里森（George Olsen）就有重大发现，我们找到了世界上第一批恐龙蛋化石！其中 3 个恐龙蛋已经露出，还有一些恐龙蛋和碎片嵌在岩石中。经过仔细发掘，一共找到 25 枚恐龙蛋，周围还有大量原角龙化石。更有意思的是，我们在其中一个巢穴上方发现了一具小型恐龙的骨架，这家伙是在偷吃原角龙的蛋吗？

1993 年 蒙古

　　这次我们在戈壁沙漠发现了更多窃蛋龙类恐龙的蛋化石和"偷蛋现场"，我们开始觉得，比起"偷蛋"，这种姿势似乎更像是"孵蛋"。更出乎意料的是，其中一枚蛋化石中竟然保留了胚胎。经过研究，发现胚胎根本不是原角龙的样子，而是窃蛋龙类的模样。我们开始猜想，或许窃蛋龙不是狡猾的小偷，反倒是尽责的妈妈！这批窃蛋龙类恐龙被命名为"葬火龙"，此次发现为洗刷窃蛋龙家族的冤屈提供了重要线索，随着技术条件的革新，期待有更多证据浮出水面。

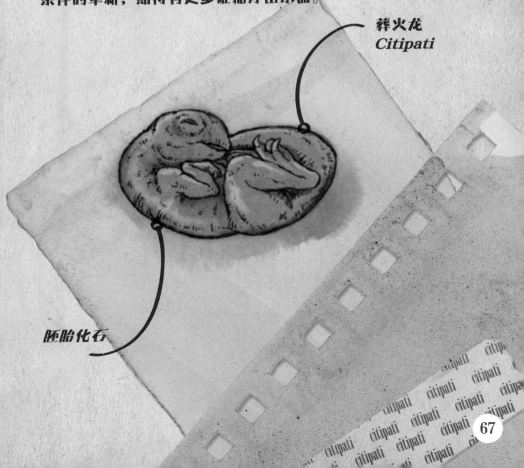

葬火龙
Citipati

胚胎化石

可能有冠饰，
但因头骨标本破碎，
无法确认冠饰的大小、形状。

中文名：窃蛋龙

拉丁名：*Oviraptor*

分类：蜥臀目兽脚亚目

分布区域：蒙古

生存时代：白垩纪晚期

食性：推测为杂食性

生存技能：强劲有力的喙，善
于奔跑的大长腿，坚韧的长尾

特别说明：窃蛋龙并不偷蛋！

恐龙蛋都是圆形的吗？

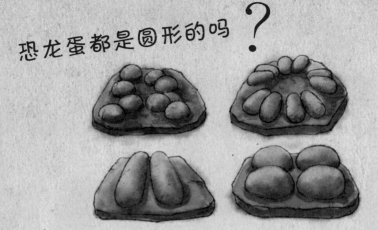

　　不止于此！古生物学家根据形态结构和蛋壳微细结构对恐龙蛋进行分类，除了有圆形蛋科、椭圆形蛋科，还有长形蛋科、巨型长形蛋科、树枝蛋科等。一般而言，马门溪龙、梁龙等大型植食性恐龙的蛋接近圆形，而伤齿龙、窃蛋龙等小型兽脚类恐龙的蛋多为长形。

恐龙蛋有多大？

鸵鸟蛋
长径：127—175 毫米
短径：111—145 毫米

鸡蛋
长径：40—52 毫米
短径：29—41 毫米

　　发现于山西省广灵县的一枚长椭圆形恐龙蛋，长径约50厘米，短径约20厘米，足足比鸵鸟蛋还要大上好几倍。但这个尺寸与动辄数十米的恐龙体形相比，又显得不值一提了。那么，为什么恐龙没有生下与体形成正比的"巨蛋"呢？因为通常蛋越大，蛋壳越厚。若是恐龙蛋长成"巨无霸"，那么厚厚的蛋壳就会妨碍内部胚胎获取足够氧气，甚至还会给小恐龙破壳造成困难。

仔细观察恐龙蛋的排列特点，
猜一猜，
恐龙妈妈分别是怎样产蛋的 ？

1

蛋体倾斜 10°—15°，呈放射状排列，一般为单层分布，有时有 2—3 层重叠，越向中心蛋越少。

2

蛋位于同一平面，每排相互平行，蛋与蛋之间近似等距分布。

奇思妙想

尝试复原恐龙形象，
记录更多与它有关的信息！

恐龙复原指南

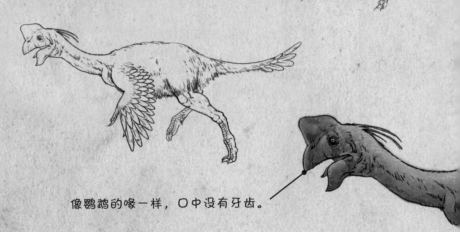

① 绘制草图。

找出骨骼上的几个关键节点，
观察比例关系，在草图上定位。
用一根长线画出脊柱，
连接各点，画出大致轮廓。
要点：注意整体的重心平衡。

② 画线稿，添加细节。

像鹦鹉的喙一样，口中没有牙齿。

推测1：像鹦鹉一样取食坚果或植物果实。
推测2：取食河蚌等水生生物。
化石线索：在某些化石的腹部发现了蜥蜴的食物遗留。

③ 用大红色和天蓝色画头部图案，土黄色染身体，土黄色未干时用墨色画出羽毛上的斑纹，白色部分留出不上色，足部用褐色染出。

④ 用紫色加黑色画出头部暗部，棕色画身体暗部，注意要有过渡，表现出立体感，浅黑色染出足部立体感。

⑤ 用不透明的青色、朱红色画出头部高光。土黄色加不透明白色画出羽毛细节。

可能具有两个卵巢和输卵管，一次产两枚蛋。

人类朋友，我们来玩个游戏吧！
谁先说"窃蛋龙"，谁就先输！

只要50年内的论文都不提"窃蛋龙"，
这个名字就会成为"遗忘名"，失去效力啦！

"下一个会是你吗？"神秘信件破译结果：
we are tracing dinosaurs will you join us

暗号"Yes"对应的密码：

第71页答案：

1.如果恐龙蛋呈椭圆形或圆形放射状排列，那么很可能产卵过程如下："准妈妈"先用前肢在平坦的地表堆一个圆形小土堆或挖一个浅坑，然后以此为中心环周产卵。产卵时两只蛋一起产，蛋的锐端先着地，钝端在上。产卵一圈后盖上薄薄的一层沙土，然后向外略微移动些再产第二层。

2.如果恐龙蛋是多层平行或交错平行排列的，那么很可能是"准妈妈"先用爪在平坦的地表挖一个坑，然后有序地左右、上下移动产卵，直至把所有卵产完。

上海自然博物馆导览图

1

2

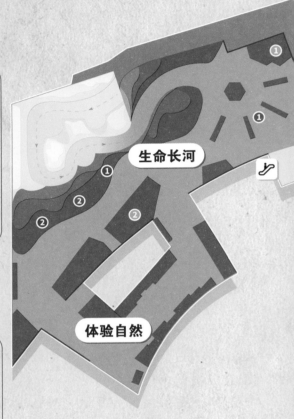

生命长河

体验自然

1

千万别小看了这4块地层剖面，说不定你还能从中找到化石呢！

2

这里有一只会"动"的恐龙，它是上海自然博物馆里最大的机电模型！

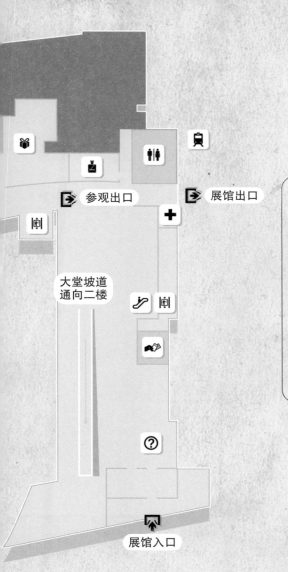

参观出口

展馆出口

大堂坡道
通向二楼

展馆入口

?

1

这里展示的动物大多具有斑纹，其中一只还曾因表情呆萌而走红网络。然而，它的身上却没有斑纹，你知道这是为什么吗？

2

除了恐龙，还有哪些庞然大物？它们巨大体形的背后隐藏着什么秘密？

① 马门溪龙的腿骨。

② 禄丰龙的特征。

③ 长羽毛的神秘生物。

④ 暴龙的前肢。

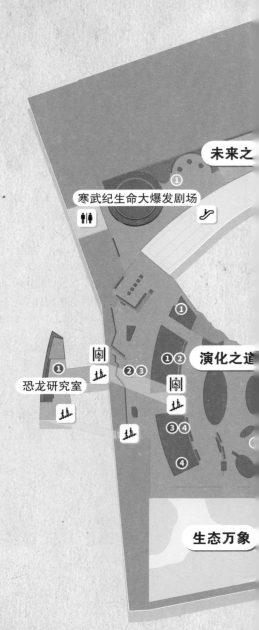

未来之

寒武纪生命大爆发剧场

演化之道

恐龙研究室

生态万象

生命的记忆

临时展厅

逃出白垩纪剧场

?

1
在恐龙时代之前，地球上曾出现过哪些多姿多彩的生命呢？

2
恐龙退出地球生命舞台后，又有哪些动物走向了繁盛？

3
很多生物可能尚未被人类所认识就已经灭绝了，我们会遭遇第六次生物大灭绝吗？

1
这里将展示化石修复的过程，还有牙齿化石和粪化石哦！

2
关于人类的故事在这里！

3
白垩纪末期究竟发生了什么？是灭绝还是兴盛？在这里你都可以找到答案。

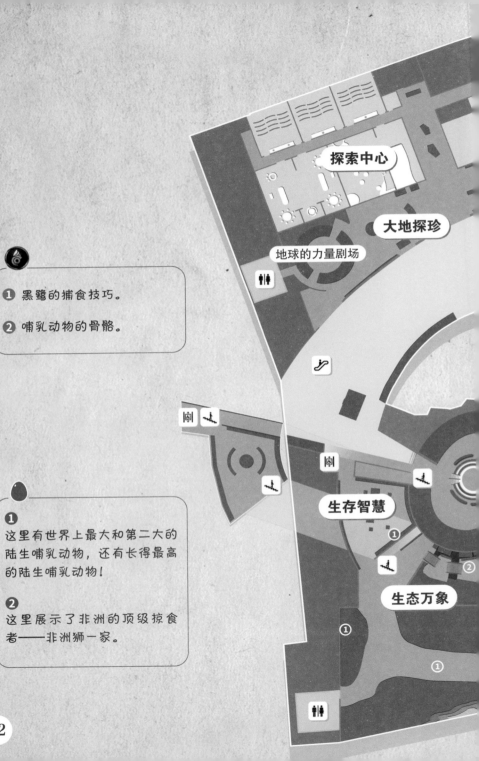

① 黑鹭的捕食技巧。

② 哺乳动物的骨骼。

探索中心

大地探珍

地球的力量剧场

①
这里有世界上最大和第二大的
陆生哺乳动物，还有长得最高
的陆生哺乳动物！

②
这里展示了非洲的顶级掠食
者——非洲狮一家。

生存智慧

①

②

生态万象

①

①

楼层 B2

?

❶
旱季的非洲大草原正上演着关于捕食、迁徙的故事，你能找到它们吗？

❷
地球有南北两极，中国还分布有"堪称世界第三极"的青藏高原。在这些极端环境中有哪些动植物呢？

图书在版编目（CIP）数据

寻龙记 / 朱莹著 . —上海：上海科技教育出版社，2021.3
（鹦鹉螺探索笔记 / 顾洁燕，刘楠主编）
ISBN 978-7-5428-7377-4
I. ①寻 ... II. ①朱 ... III. ①本册②恐龙 – 普及读物
IV. ① TS951.5 ② Q915.864–49
中国版本图书馆 CIP 数据核字 (2020) 第 214043 号

鹦鹉螺探索笔记

寻龙记

主　　编	顾洁燕　刘　楠
作　　者	朱　莹
插　　画	蒋正强
科学顾问	张唯贒
责任编辑	郑丁葳
书籍设计	朱　高　施海峰

出版发行	上海科技教育出版社有限公司
	（上海市柳州路 218 号　邮政编码 200235）
网　　址	www.sste.com　www.ewen.co
经　　销	各地新华书店
印　　刷	上海普顺印刷包装有限公司
开　　本	890×1240　1/32
印　　张	3
版　　次	2021 年 3 月第 1 版
印　　次	2021 年 3 月第 1 次印刷
书　　号	ISBN 978-7-5428-7377-4/G·4333
定　　价	40.00 元